by James Richard

Ratio & Proportion
workbook

Copyright © 2020

All rights reserved. No part of this publication may be reproduced, distributed, or transmitted in any form or by any means, including photocopying, recording, or other electronic or mechanical methods, without the prior written permission of the publisher, except in the case of brief quotations embodied in critical reviews and certain other non commercial uses permitted by copyright law. For permission requests, write to the publisher using address below.

delightfulbook@gmail.com

Contents

RATIO & PROPORTION 1
Definition 1
PROPERTIES 1
TEST WITH SOUTIONS...6
TEST 1 20
TEST 2 24
TEST 3 29

RATIO & PROPORTION

Definition

$$\frac{a}{b} = k, \frac{c}{d} = k, \frac{e}{f} = k \Rightarrow$$

$$\frac{a}{b} = \frac{c}{d} = \frac{e}{f} = k$$

(This expression is called propertion)

$$\frac{2}{3} = \frac{4}{6} = \frac{6}{9} \ldots\ldots = \frac{2n}{3n}$$

$$k = \frac{2}{3}$$

$$\left(\frac{2}{3} = \frac{4}{6} = \frac{6}{9} = \ldots\ldots = \frac{2n}{3n} \text{ is a proportion where}\right)$$

$k = \frac{2}{3}$ is called proportionality constant.

PROPERTIES

1. $a:b = c:d \Rightarrow \dfrac{a}{c} = \dfrac{b}{d}$

$a:b:c:d:f \Rightarrow \dfrac{a}{d} = \dfrac{b}{e} = \dfrac{c}{f}$

2. $\dfrac{a}{b} = \dfrac{c}{d} \Rightarrow$

(I). $a.d = b.c$

(II). $\dfrac{a}{c} = \dfrac{b}{d}$

(III). $\dfrac{d}{b} = \dfrac{c}{a}$

(IV). $\dfrac{b}{a} = \dfrac{d}{c}$

(Example):

$\dfrac{a}{b} = \dfrac{c}{d} = \dfrac{2}{3} \Rightarrow \left(\dfrac{a+d}{b}\right).\left(\dfrac{c+b}{d}\right) = ?$

$3a = 2b$

$3c = 2d$

(Sloution):

$\left.\begin{array}{l} a = c = 2 \\ b = d = 3 \end{array}\right\} \Rightarrow$

$\left(\dfrac{a+d}{b}\right).\left(\dfrac{c+b}{d}\right) = \left(\dfrac{2+3}{3}\right).\left(\dfrac{2+3}{3}\right) = \dfrac{5}{3}.\dfrac{5}{3} = \dfrac{25}{9}$

3. $\dfrac{a}{b} = \dfrac{c}{d} = k \Rightarrow$

(I) $\dfrac{a+c}{b+d} = k$

(II) $\dfrac{m.a}{m.b} = \dfrac{t.c}{t.d} = \dfrac{m.a + t.c}{m.b + t.d} = k$

(Example):

$\dfrac{a}{3} = \dfrac{b}{4} = \dfrac{c}{5}$ (and) $3a + c = 42 \Rightarrow b = ?$

(Solution):

$\dfrac{a}{3} = \dfrac{b}{4} = \dfrac{c}{5} = k \Rightarrow \begin{cases} a = 3k \\ b = 4k \\ c = 5k \end{cases}$

$3a + c = 42$

$3.3k + 5k = 42 \Rightarrow 14k = 42 \Rightarrow k = 3$

$b = 4k \Rightarrow b = 4.3 = 12$

(Example):

$\dfrac{a}{b} = \dfrac{b}{3} = \dfrac{c}{5}$ (and) $3a + 2b - 4c = -24 \Rightarrow a = ?$

(Solution):

$\dfrac{a}{2} = \dfrac{b}{3} = \dfrac{c}{5} = k \Rightarrow \begin{cases} a = 2k \\ b = 3k \\ c = 5k \end{cases}$

$3a + 2b - 4c = -24 \Rightarrow 3.2k + 2.3k - 4.5k = -24$

$\Rightarrow 6k + 6k - 20k = -24$

$\Rightarrow -8k = -24 \Rightarrow k = 3$

$\Rightarrow a = 2.3 = 6$

(Example):

$\left. \begin{array}{c} \dfrac{a-1}{3} = \dfrac{b+2}{4} = \dfrac{c-2}{5} \\ 5a - 2c = 36 \end{array} \right\} \Rightarrow b = ?$

(Solution):

$\dfrac{a-1}{3} = \dfrac{b+2}{4} = \dfrac{c-2}{5} = k \Rightarrow \begin{cases} a = 3k + 1 \\ b = 4k - 2 \\ c = 5k + 2 \end{cases}$

$5a - 2c = 36 \Rightarrow 5(3k + 1) - 2(5k + 2) = 36$

$15k + 5 - 10k - 4 = 36$

$5k + 1 = 36$

$5k = 35$

$k = 7$

$b = 4k - 2 = 4.7 - 2 = 28 - 2 = 26$

4. $\dfrac{a}{b} = \dfrac{c}{d} \Rightarrow \dfrac{m.a + n.b}{t.a + l.b} = \dfrac{m.c + n.d}{t.c + l.d}$

(Example):

$\left. \begin{array}{l} \dfrac{a}{x} = \dfrac{b}{y} = \dfrac{c}{z} = \dfrac{1}{3} \\ a - 2b + 3c = 2 \\ 2y - 3z = 1 \end{array} \right\} \Rightarrow x = ?$

(Solution):

$\dfrac{a}{x} = \dfrac{-2.b}{-2.y} = \dfrac{3.c}{3.z} = \dfrac{1}{3}$

$\dfrac{a - 2.b + 3.c}{x - 2.y + 3.z} = \dfrac{1}{3} \Rightarrow \dfrac{2}{x - (-1)} = \dfrac{1}{3}$

$\Rightarrow 6 = x + 1$

$\Rightarrow x = 5$

5. (If a and b are directly proportional)

$\dfrac{a}{b} = k$

(If a and b are inversely proportional to each other)

$a.b = k$

(Example):

$\left. \begin{array}{l} a.x = b.y = c.z = \dfrac{2}{3} \\ x + y + z = 18 \end{array} \right\} \Rightarrow \dfrac{1}{a} + \dfrac{1}{b} + \dfrac{1}{c} = ?$

(Solution):

$a.x = b.y = c.z = \dfrac{2}{3}$

$\dfrac{x}{\frac{1}{a}} = \dfrac{y}{\frac{1}{b}} = \dfrac{z}{\frac{1}{c}} = \dfrac{2}{3} \Rightarrow \dfrac{x + y + Z}{\frac{1}{a} + \frac{1}{b} + \frac{1}{c}} = \dfrac{2}{3}$

$$\frac{1}{a}+\frac{1}{b}+\frac{1}{c}=\frac{3}{2}.18=27$$

(Example):

$$\frac{x}{3}=\frac{y}{4}=\frac{z}{7}=\frac{4x-5y+kz}{13} \Rightarrow k=?$$

(Solution):

$$\frac{4x}{3.4}=\frac{-5y}{-5.4}=\frac{zk}{7k}=\frac{4x-5y+kz}{13}$$

$$\frac{4x-5y+zk}{12-20+7k}=\frac{4x-5y+kz}{13}$$

$$7k-8=13$$

$$7k=21$$

$$k=3$$

(Example):

$a.b \epsilon R^{+}$

$$\frac{a+b}{6}=\frac{2a-b}{9}=\frac{a.b}{45} \Rightarrow b=?$$

(Solution):

$$\frac{a+b+2a-b}{6+9}=\frac{a.b}{45}$$

$$\frac{3a}{15}=\frac{a.b}{45} \Rightarrow b=9$$

TEST WITH SOUTIONS

1. $\dfrac{a}{b} = \dfrac{2}{3}$, $2a + b = 84 \Rightarrow b = ?$

   A) 14   B) 28   C) 27   D) 30   E) 36

   (Solution):
   $$\dfrac{a}{b} = \dfrac{2}{3} \Rightarrow \dfrac{a}{2} = \dfrac{b}{3} = k \Rightarrow a = 2k$$
   $$b = 3k$$
   $$2a + b = 2.2k + 3k = 7k = 84 \Rightarrow k = 12$$
   $$b = 3k = 3.12 = 36$$

2. $\dfrac{a}{b} = \dfrac{b}{3} = \dfrac{c}{4}$, $3a - b + 2c = 66 \Rightarrow b = ?$

   A) 12   B) 18   C) 22   D) 33   E) 44

   (Solution):
   $$\dfrac{a}{2} = \dfrac{b}{3} = \dfrac{c}{4} = k \Rightarrow a = 2k, b = 3k, c = 4k$$
   $$3a - b - 2c = 3.2k - 3k + 2.4k$$
   $$= 6 - 3k + 8k$$
   $$11k = 66$$
   $$k = 6$$
   $$b = 3k \Rightarrow b = 3.6 = 18$$

3. $\dfrac{a}{b} = \dfrac{3}{4} \Rightarrow \dfrac{a+b}{a} = ?$

   A) $\dfrac{7}{3}$ B) $\dfrac{7}{4}$ C) $\dfrac{14}{3}$ D) $\dfrac{3}{4}$ E) $\dfrac{3}{7}$

   (Solution):
   $$\dfrac{a}{b} = \dfrac{3}{4} \Rightarrow 4a = 3b \Rightarrow b = \dfrac{4a}{3}$$

$$\frac{a+b}{a} = \frac{a+\frac{4a}{3}}{a} = \frac{7a}{3}\cdot\frac{1}{a} = \frac{7}{3}$$

4. $\dfrac{x}{y} = \dfrac{2}{3} \Rightarrow \dfrac{3x-4y}{x-y} = ?$

A) −6 B) $-\dfrac{1}{5}$ C) $\dfrac{5}{6}$ D) 1 E) 6

(Solution):
$\dfrac{x}{y} = \dfrac{2}{3} \Rightarrow 3x = 2y$

$x = \dfrac{2y}{3}$

$\dfrac{3x-4y}{x-y} = \dfrac{3\cdot\frac{2y}{3} - 4y}{\frac{2y}{3} - y} = \dfrac{-2y}{\frac{-y}{3}}$

$= 6$

5. $a:b:c = 2:3:4$

$3a + 4b - c = -28 \Rightarrow b = ?$

A) 6 B) 5 C) 4 D) −4 E) −6

(Solution):
$a:b:c = 2:3:4$

$\dfrac{a}{2} = \dfrac{b}{3} = \dfrac{c}{4} = k \Rightarrow a = 2k, b = 3k, c = 4k$

$3a + 4b - c = 3\cdot 2k + 4\cdot 3k - 4k$
$= 6k + 12k - 4k$
$14k = -28$
$k = -2$
$b = 3\cdot(-2) = -6$

6. $a, b, c \in R$

$$\frac{a}{b} = \frac{b}{c} = \frac{c}{d} = 2 \Rightarrow \frac{a}{d} = ?$$

A) 2   B) 4   C) 6   D) 8   E) 16

(Solution):

$$\frac{a}{b} = \frac{b}{c} = \frac{c}{d} = 2$$

$$\frac{a}{b} = 2 \Rightarrow a = 2b$$

$$\frac{b}{c} = 2 \Rightarrow c = \frac{b}{2}$$

$$\frac{c}{d} = \frac{\frac{b}{2}}{d} = \frac{b}{2d} = 2 \Rightarrow b = 4d \Rightarrow d = \frac{b}{4}$$

$$\frac{a}{d} = \frac{2b}{\frac{b}{4}} = 8$$

7. $\dfrac{a}{b} = \dfrac{2}{5} \cdot \dfrac{b}{4} = c,\ a + b = 21 \Rightarrow c = ?$

A) $\dfrac{13}{5}$ B) $\dfrac{15}{4}$ C) 6   D) 28   E) 60

(Solution):

$$\frac{a}{b} = \frac{2}{5} \Rightarrow 5a = 2b \Rightarrow a = \frac{2b}{5}$$

$$a + b = \frac{2b}{5} + b = 21$$

$$\frac{7b}{5} = 21 \Rightarrow b = 15$$

$$\frac{b}{4} = c \Rightarrow \frac{15}{4} = c$$

8. $\dfrac{a}{-2} = \dfrac{b}{3} = 3, a+b+c = 1 \Rightarrow c = ?$

A) 2 B) 1 C) –2 D) –1 E) –4

(Solution):

$\dfrac{a}{-2} = \dfrac{b}{3} = 3 \Rightarrow a = -6, \Rightarrow b = 9$

$a+b+c = 1 \Rightarrow -6+9+c = 1$

$c = -2$

9. $\dfrac{1}{3a} = \dfrac{1}{4b} = \dfrac{1}{6c}, a+b+c = 27 \Rightarrow a-c = ?$

A) 3 B) 4 C) 6 D) 8 E) 12

(Solution):

$\dfrac{1}{3a} = \dfrac{1}{4b} = \dfrac{1}{6c} = k$

$3a = \dfrac{1}{k} \Rightarrow a = \dfrac{1}{3k}$

$4b = \dfrac{1}{k} \Rightarrow b = \dfrac{1}{4k}$

$6c = \dfrac{1}{k} \Rightarrow c = \dfrac{1}{6k}$

$a+b+c = \dfrac{1}{3k} + \dfrac{1}{4k} + \dfrac{1}{6k} = 27$

$\dfrac{9}{12k} = 27 \Rightarrow k = \dfrac{1}{36}$

$\left(\begin{array}{l} a = \dfrac{1}{3 \cdot \dfrac{1}{36}} \Rightarrow a = 12 \\ c = \dfrac{1}{6 \cdot \dfrac{1}{36}} \Rightarrow c = 6 \end{array} \right) \Rightarrow a - c = 12 - 6 = 6$

10. $\dfrac{a}{2} = \dfrac{b}{3} = \dfrac{c}{4}, 2a - 3b + c = 5 \Rightarrow a = ?$

A) -15 B) -10 C) 5 D) 10 E) 15

(Solution):
$\dfrac{a}{2} = \dfrac{b}{3} = \dfrac{c}{4} = k$
$a = 2k, b = 3k, c = 4k$
$2a - 3b + c = 2 \cdot 2k - 3 \cdot 3k + 4k = 5$
$4k - 9k + 4k = 5$
$-k = 5 \Rightarrow k = -5$
$a = 2k = 2 \cdot (-5) = -10$

11. $\dfrac{x}{x+y} = 3 \Rightarrow \dfrac{x+y}{y} = ?$

A) $-\dfrac{1}{2}$ B) $-\dfrac{1}{4}$ C) 0 D) $\dfrac{1}{4}$ E) $\dfrac{1}{2}$

(Solution):
$\dfrac{x}{x+y} = 3 \Rightarrow x = 3x + 3y$
$x = \dfrac{-3y}{2}$

$\dfrac{x+y}{y} = \dfrac{-\dfrac{3y}{2}+y}{y} = \dfrac{-\dfrac{y}{2}}{y} = -\dfrac{1}{2}$

12. $a, b, c \in z^+$

$\dfrac{a}{\dfrac{3}{5}} = \dfrac{b}{\dfrac{5}{8}} = \dfrac{c}{\dfrac{2}{3}} \Rightarrow ? < ? < ?$

A) $a < b < c$ B) $a < c < b$ C) $b < a < c$
D) $c < b < a$ E) $c < a < b$

(Solution):
$$\dfrac{\tfrac{a}{3}}{5} = \dfrac{\tfrac{b}{5}}{8} = \dfrac{\tfrac{c}{2}}{3} = k$$

$$\left.\begin{array}{l} a = \dfrac{3}{5}k = \dfrac{72}{120}k \\ b = \dfrac{5}{8}k = \dfrac{75}{120}k \\ c = \dfrac{2}{3}k = \dfrac{80}{120}k \end{array}\right\} \Rightarrow a < b < c$$

13. $a, b, c \in Z^{-}$

$$\dfrac{a}{0{,}1} = \dfrac{b}{0{,}3} = \dfrac{c}{2} \Rightarrow ? > ? > ?$$

A) $a > b > c$ B) $a > c > b$ C) $c > b > a$
D) $b > c > a$ E) $c > a > b$

(Solution):
$$\dfrac{a}{0{,}1} = \dfrac{b}{0{,}3} = \dfrac{c}{2} = k$$

$\left.\begin{array}{l} a = 0{,}1k \\ b = 0{,}3k \\ c = 2k \end{array}\right\} k = -10 \Rightarrow a = -1, b = -3, c = -20$

$\Rightarrow a > b > c$

14. $\dfrac{a}{3} = \dfrac{b}{4} = \dfrac{c}{5} \Rightarrow \left(\dfrac{a + 2b + c}{a - b + c}\right) = ?$

A) 3   B) 4   C) 6   D) 8   E) 9

(Solution):
$$\dfrac{a}{3} = \dfrac{b}{4} = \dfrac{c}{5} = k$$

$a = 3k, b = 4k, c = 5k$

$$\dfrac{a + 2b + c}{a - b + c} = \dfrac{3k + 2 \cdot 4k + 5}{3k - 4k + 5k} = \dfrac{16k}{4k} = 4$$

15. $\dfrac{a}{b} = \dfrac{c}{d} = 4 \Rightarrow \left(\dfrac{a - 2b}{b}\right) \cdot \left(\dfrac{c}{c + 2d}\right) = ?$

A)$\dfrac{3}{4}$ B)8 C)$\dfrac{4}{3}$ D)3 E)$\dfrac{5}{2}$

(Solution):

$\dfrac{a}{b} = \dfrac{c}{d} = 4$

$\dfrac{a}{b} = 4 \Rightarrow a = 4b$

$\dfrac{c}{d} = 4 \Rightarrow c = 4d$

$\left(\dfrac{a-2b}{b}\right)\cdot\left(\dfrac{c}{c+2d}\right) = \left(\dfrac{4b-2b}{b}\right)\cdot\left(\dfrac{4d}{4d+2d}\right)$

$= 2\cdot\dfrac{4}{6} = \dfrac{4}{3}$

$\left.\begin{array}{l} a + b = 2 \\ b + c = \dfrac{5}{4} \\ a + c = \dfrac{9}{4} \end{array}\right\} \Rightarrow \dfrac{c}{a} = ?$

A)$\dfrac{3}{2}$ B)$\dfrac{4}{3}$ C)$\dfrac{5}{2}$ D)$\dfrac{2}{3}$ E)$\dfrac{1}{2}$

(Solution):

$\quad a + b = 2 \qquad\qquad a - c = \dfrac{3}{4}$

$-\quad b + c = \dfrac{5}{4} \qquad +\quad a + c = \dfrac{9}{4}$

....

$$a - c = \frac{3}{4} \qquad\qquad 2a = \frac{12}{4} = 3$$

$$a = \frac{3}{2} \Rightarrow c = \frac{3}{4} \Rightarrow \frac{c}{a} = \frac{\frac{3}{4}}{\frac{3}{2}} = \frac{2}{4} = \frac{1}{2}$$

2. $\quad a, b, c \in R^+$
$$\left.\begin{array}{l} a.b = 3 \\ b.c = \dfrac{2}{3} \\ a.c = \dfrac{4}{3} \end{array}\right\} \Rightarrow ? > ? > ?$$

A) $a > b > c$ \qquad B) $a > c > b$ \qquad C) $b > a > c$
D) $b > c > a$ \qquad E) $c > a > b$

(Solution):
$$\frac{a.b}{b.c} = \frac{3}{\frac{2}{3}} = \frac{9}{2} \Rightarrow a > c$$

$$\frac{a.b}{a.c} = \frac{3}{\frac{4}{3}} = \frac{9}{4} \Rightarrow b > c \quad\Bigg\} \Rightarrow a > b > c$$

$$\frac{b.c}{a.c} = \frac{\frac{2}{3}}{\frac{4}{3}} = \frac{1}{2} \Rightarrow a > b$$

3.
$$\left.\begin{array}{l} b > 0 \\ \dfrac{a}{b} - \dfrac{4}{3} \\ a + b = c \end{array}\right\} \Rightarrow ? < ? < ?$$

A) $a < c < b$ B) $a < b < c$ C) $b < c < a$
D) $b < a < c$ E) $c < a < b$

(Solution):
$$\frac{a}{b} = -\frac{4}{3}$$
$\Rightarrow a = -4k, b = 3k, k \in R^+$
$\Rightarrow c = a + b = -k \Rightarrow a < c < b$

4.
$a < 0$
$$\frac{a.b}{1} = \frac{b.c}{-2} = \frac{c.a}{9} \Rightarrow ? < ? < ?$$
A) $c < a < b$ B) $c < b < a$ C) $b < a < c$

D) $a < c < b$ E) $a < b < c$

(Solution):
$$\frac{a.b}{1} = \frac{b.c}{-2} = \frac{c.9}{9} \Rightarrow \frac{a.b.c}{c} = \frac{a.b.c}{-2a} = \frac{a.b.c}{9b}$$
$\Rightarrow c = -2a = 96$
$\Rightarrow c = 18k$
$a = -9k$
$b = 2k$
$a < 0 \Rightarrow k \in R^+$
$\Rightarrow a < b < c$

5. $\frac{y}{b} = \frac{a}{b} \Rightarrow \frac{b-y}{b+y} = ?$

A) $\dfrac{a+x}{a-y}$ B) $\dfrac{-a-x}{a-x}$ C) $\dfrac{a-x}{a+x}$

D) $\dfrac{-a-x}{a+x}$ E) $\dfrac{a-x}{-a-x}$

(Solution):
$$\frac{x}{y} = \frac{a}{b} \Rightarrow b = \frac{ay}{x}$$

$$\frac{b-y}{b+y} = \frac{\frac{ay}{x} - y}{\frac{ay}{x} + y} = \frac{ay - xy}{ay + xy} = \frac{y(x-a)}{y(a+x)} = \frac{a-x}{a+x}$$

6. $\left.\begin{array}{l}\dfrac{a}{2} = \dfrac{b}{-3} \\ a+b = 2\end{array}\right\} \Rightarrow a.b = ?$

A) – 24   B) – 21   C) – 18   D) – 15   E) – 12

(Solution):
$\dfrac{a}{2} = \dfrac{b}{-3} = k \Rightarrow a = 2k, b = -3k$
$a + b = 2k = -3k = -k = 2$
$k = -2$
$a = 2.(-2) = -4$
$b = -3.(-2) = 6$
$a.b = -24$

7. $0 < a, 0 < b, 0 < c$
   $\dfrac{b}{a} = \dfrac{1}{3}$
   $\dfrac{a}{c} = \dfrac{2}{3}$
   $a + b + c = 34 \Rightarrow a = ?$

A) 8   B) 10   C) 12   D) 14   E) 16

(Solution):

$$\frac{a}{c} = \frac{1}{3} \Rightarrow a = 3b \Rightarrow b = \frac{a}{3}$$

$$\frac{a}{c} = \frac{2}{3} \Rightarrow 2c = 3a \Rightarrow c = \frac{3a}{2}$$

$$a + \frac{a}{3} + \frac{3a}{2} = 34$$

$$\frac{17a}{6} = 34 \Rightarrow a = 12$$

8. $\left. \begin{array}{l} 0 < a, 0 < b \\ \dfrac{a}{4} = \dfrac{b}{3} \\ a^2 + b^2 = 100 \end{array} \right\} \Rightarrow a - b = ?$

A) 2   B) 3   C) −1   D) −3   E) −4

(Solution):
$0 < a, 0 < b$
$\dfrac{a}{4} = \dfrac{b}{3} = k$
$a = 4k, b = 3k$
$a^2 + b^2 = 100$
$16k^2 + 9k^2 = 100$
$25k^2 = 100$
$k^2 = 4$
$k = 2$
$a = 8, b = 6$
$a - b = 8 - 6 = 2$

9. $a > 0, b > 0, c > 0$
$a.b = \dfrac{1}{4}, \; a.c = \dfrac{1}{5}, \; b.c = \dfrac{2}{3}$

A) $a < b < c$ B) $a < c < b$ C) $b < a < c$

D) $b < c < a$ E) $c < a < b$

(Solution):
$a.b = \dfrac{1}{4}$ $a.c = \dfrac{1}{5}$ $b.c = \dfrac{2}{3}$

$\Rightarrow abc = \dfrac{c}{4} = \dfrac{b}{5} = \dfrac{2a}{3} = 2k$

$\Rightarrow c = 8k, b = 10k, a = 3k$

$\Rightarrow a < c < b$

10. $\dfrac{a}{4} = \dfrac{b}{5} = \dfrac{c}{7}$

$2a + 4b - 3c = 49 \Rightarrow b = ?$

A) 14   B) 21   C) 28   D) 35   E) 42

(Solution):
$\dfrac{a}{4} = \dfrac{b}{5} = \dfrac{c}{7} = k$

$a = 4k, b = 5k, c = 7k \Rightarrow$

$2a + 4b - 3c = 2.4k + 4.5k - 3.7k$

$8k + 20k - 21k = 49$

$7k = 49$

$k = 7$

$b = 5k \Rightarrow b = 5.7$

$b = 35$

11. $k > 0$
$x = 2k$
$y = 3k$
$z = 4k$
$x + y + z = 360 \Rightarrow z = ?$

A) 180   B) 160   C) 120   D) 80   E) 60

(Solution):
$x = 2k$
$y = 3k$
$z = 4k$
$x + y + z = 2k + 3k + 4k = 360$
$9k = 360$
$k = 40$
$\Rightarrow z = 4k = 4.40 = 160$

12. $\dfrac{a}{b^2} = \dfrac{3}{16} \Rightarrow \dfrac{a+b}{b} = ?$

A) $\dfrac{3}{4}$ B) $\dfrac{5}{4}$ C) $\dfrac{7}{4}$ D) $\dfrac{4}{5}$ E) $\dfrac{4}{7}$

(Solution):
$\dfrac{a}{b^2} = \dfrac{3}{16} \Rightarrow a = 3, b = 4 \Rightarrow \dfrac{a+b}{b} = \dfrac{3+4}{4} = \dfrac{7}{4}$

13. $a, b, c \in R^+$

$\dfrac{3a+b}{b} = 2, \dfrac{b+2c}{c} = 4 \Rightarrow ? < ? < ?$

A) $a < c < b$ B) $a < b < c$ C) $b < a < c$
D) $b < c < a$ E) $c < a < b$

(Solution):
$\left. \begin{array}{l} 3a + b = 2b \Rightarrow 3a = b, a < b \\ b + 2c = 4c \Rightarrow b = 2c, c < b \\ a < c \\ 3a = 2c \end{array} \right\} \Rightarrow a < c < b$

14. A, B, C, $\in Z^+$

$A + B + C = 380$

$\dfrac{A}{B} = \dfrac{B}{C} = \dfrac{2}{3} \Rightarrow C - B = ?$

A)50 B)60 C)70 D)80 E)90

(Solution):

$\dfrac{A}{B} = \dfrac{2}{3} \Rightarrow 3A = 2B \Rightarrow A = \dfrac{2B}{3}$

$\dfrac{B}{C} = \dfrac{2}{3} \Rightarrow 2C = 3B \Rightarrow C = \dfrac{3B}{2}$

$A + B + C = \dfrac{2B}{3} + B + \dfrac{3B}{2} = 380$

$\dfrac{19B}{6} = 380 \Rightarrow B = 120$

$C = \dfrac{3 \cdot 120}{2} = 180$

$C - B = 180 - 120$

$= 60$

15. $\dfrac{a}{b} = \dfrac{c}{d} = 3 \Rightarrow \dfrac{\left(\dfrac{a+b}{b}\right) \cdot \left(\dfrac{c+d}{c}\right)}{\dfrac{a-b}{a}} = ?$

A)$\dfrac{8}{3}$ B)$\dfrac{4}{3}$ C)16 D)12 E)8

(Solution):

$a = 3b, c = 3d$

$$\dfrac{\left(\dfrac{a+b}{b}\right)\cdot\left(\dfrac{c+d}{c}\right)}{\dfrac{a-b}{a}} = \dfrac{\dfrac{4b}{b}\cdot\dfrac{4d}{3d}}{\dfrac{2b}{3b}}$$

$$\dfrac{16}{3}\cdot\dfrac{3}{2}$$

$= 8$

16. $\dfrac{x}{y} = \dfrac{y}{6} = \dfrac{7}{8} = k$

$x + y + z = 1900 \Rightarrow y = ?$

A) 900   B) 800   C) 700   D) 600   E) 500

(Solution):

$\dfrac{x}{5} = \dfrac{y}{6} = \dfrac{z}{8} = k$

$\Rightarrow x = 5k, y = 6k, z = 8k$

$x + y + z = 1900$

$19k = 1900$

$k = 100$

$\Rightarrow y = 6k = 600$

17. $a + b + c = 80$

$\dfrac{a}{2} = \dfrac{b}{3} = \dfrac{c}{5} \Rightarrow b + a - c = ?$

A) −6   B) −4   C) 0   D) 6   E) 12

(Solution):

$\dfrac{a}{2} = \dfrac{b}{3} = \dfrac{c}{5} = k \Rightarrow a = 2k, b = 3k, c = 5k$

$a + b + c = 80 \Rightarrow 2k + 3k + 5k = 80$

$10k = 80$

$k = 8$

$b + a - c = 3k + 2k - 5k = 0$

18. $\left.\begin{array}{l} a < 0 \\ a = 2b \\ b = \dfrac{c}{3} \end{array}\right\} \Rightarrow ? < ? < ?$

A) $a < b < c$ B) $a < c < b$ C) $b < a < c$

D) $c < a < b$ E) $c < b < c$

(Solution):

$a = 2b = \dfrac{3}{2}c \Rightarrow 3a = 6b = 2c = 6k$

$\Rightarrow a = 2k \quad b = k \quad c = 3k \quad (K \in R^-)$

$\Rightarrow c < a < b$

19. $\left.\begin{array}{l} a.b = \dfrac{12}{35} \\ b.c = \dfrac{28}{45} \\ a.c = \dfrac{1}{3} \end{array}\right\} \Rightarrow \quad |a| = ?$

A) $\dfrac{7}{9}$ B) $\dfrac{3}{5}$ C) $\dfrac{5}{4}$ D) $\dfrac{1}{7}$ E) $\dfrac{3}{7}$

(Solution):

$$\dfrac{a.b}{b.c} = \dfrac{\frac{12}{35}}{\frac{28}{45}} = \dfrac{12.45}{35.28} \Rightarrow c = \dfrac{49}{27}a$$

$$a.c = \dfrac{1}{3} \Rightarrow \dfrac{49}{27}a^2 = \dfrac{1}{3} \Rightarrow |a| = \dfrac{3}{7}$$

TEST 1

1. $\dfrac{a}{2} = \dfrac{b}{3}, a + b = 40 \Rightarrow b - a = ?$

A) 5 B) 6 C) 7 D) 8 E) 9

2. $\dfrac{a}{2} = \dfrac{b}{4} = \dfrac{c}{5}$
$2a + 4b + c = 125 \Rightarrow 2a + b - c = ?$

A) 8 B) -9 C) 5 D) 7 E) 15

3. $a:b:c = 2:3:4$
$\sqrt{a+b+c} = 9 \Rightarrow \sqrt{a.b} = ?$

A) $2\sqrt{3}$ B) 4 C) $9\sqrt{6}$ D) 21 E) 27

4. $a + \dfrac{1}{b} = \dfrac{2}{b} \Rightarrow \sqrt{a.b} = ?$

A) 0 B) 1 C) 3 D) 3 E) 4

5. $\dfrac{a}{b} = \dfrac{5}{2} \Rightarrow \dfrac{5a+2b}{a+b} = ?$

A) $\dfrac{5}{3}$ B) $\dfrac{11}{2}$ C) $\dfrac{29}{7}$ D) $\dfrac{8}{3}$ E) $\dfrac{2}{5}$

6. $3a = 4b = 5c$,
$\dfrac{1}{a} + \dfrac{1}{b} + \dfrac{1}{c} = \dfrac{2}{3} \Rightarrow \dfrac{a}{5} + \dfrac{b}{3} + c = ?$

A) $\dfrac{21}{2}$ B) $\dfrac{35}{8}$ C) $\dfrac{3}{10}$ D) $\dfrac{3}{10}$ E) $\dfrac{63}{10}$

7. $\dfrac{3}{x} = \dfrac{4}{y} = \dfrac{5}{z}$

$x + 2y - z = 3 \Rightarrow z - x = ?$

A) –2 B) 0 C) 1 D) 2 E) 3

8. $a, b, c \in R^+$

$\dfrac{1}{a} = \dfrac{2}{b} = \dfrac{4}{c}$

$b^2 + a \cdot c = 32 \Rightarrow c - b = ?$

A) $\dfrac{1}{2}$ B) $\dfrac{3}{5}$ C) $\dfrac{3}{2}$ D) 4 E) 6

9. $ax = by = cz$,

$a:b:c = 2:3:4$,

$x + y = 25 \Rightarrow y = ?$

A) 9 B) 10 C) 30 D) 40 E) 45

10. $ax = by - cz = 18$,

$\dfrac{1}{x} + \dfrac{1}{y} + \dfrac{1}{z} = 2 \Rightarrow a + b + c = ?$

A) 11 B) 18 C) 22 D) 36 E) 40

11. $\dfrac{a}{x} = \dfrac{b}{y} = \dfrac{c}{z} = \dfrac{2}{3}$,

$3a + b - 2c = 2x \Rightarrow \dfrac{3y}{16z} = ?$

A) $\dfrac{1}{3}$ B) $\dfrac{2}{5}$ C) $\dfrac{3}{8}$ D) $\dfrac{8}{13}$ E) $\dfrac{3}{2}$

12. $\dfrac{2x+3y}{11} = \dfrac{2y+x}{15} = \dfrac{z}{4}$

$y + x = 12 \Rightarrow z = ?$

A) -12 B) -3 C) 11 D) 15 E) 21

13. $a:b:c = 2:4:5,$

$\dfrac{a^2 + b^2 + c^2}{a + b + c} = 135 \Rightarrow a = ?$

A) 66 B) 110 C) 220 D) 270 E) 275

14. $x, y, z \in R^+$

$\dfrac{x}{3} = \dfrac{y}{8} = \dfrac{z}{12},$

$y^2 + x \cdot z = 100 \Rightarrow z - y = ?$

A) x B) $\dfrac{x}{y}$ C) $x+1$ D) $z-2$ E) $2y$

15. $x + \dfrac{2}{y} = 3, \quad y + \dfrac{2}{x} = 5, \quad \dfrac{y}{z} = \dfrac{1}{3} \Rightarrow \dfrac{2x}{z} = ?$

A) $\dfrac{1}{3}$ B) $\dfrac{3}{2}$ C) $\dfrac{2}{5}$ D) $\dfrac{8}{3}$ E) $\dfrac{7}{2}$

16. $x, y \in R^+$

$\dfrac{x}{3} = \dfrac{2}{y}, \quad \dfrac{x+y}{x-y} = 3 \Rightarrow y = ?$

A) $2\sqrt{2}$ B) 3 C) $\sqrt{3}$ D) 6 E) 9

17. $\dfrac{a}{2} = \dfrac{b}{3} = \dfrac{c}{4} \Rightarrow \dfrac{c \cdot b}{(2a + 3b) \cdot c} = ?$

A) $\dfrac{1}{3}$ B) $\dfrac{3}{13}$ C) $\dfrac{12}{9}$ D) $\dfrac{9}{4}$ E) 5

18. $\dfrac{ab}{2} = \dfrac{bc}{3} = \dfrac{ac}{7} \Rightarrow \dfrac{6a-2c}{3a} = ?$

A) 0 B) 1 C) 2 D) 3 E) 4

19. $\dfrac{x}{y} = \dfrac{2}{5},$

$x + y = 35 \Rightarrow y = ?$

A) 10 B) 15 C) 20 D) 25 E) 30

20. $a, b \in R^+$

$\dfrac{2a}{3b} = \dfrac{4}{7}, \dfrac{a}{14} = \dfrac{12}{b} \Rightarrow b = ?$

A) 12 B) 14 C) 18 D) 24 E) 28

Answers					
1.D	2.E	3.C	4.B	5.C	6.D
7.C	8.D	9.B	10.D	11.C	12.A
13.A	14.C	15.C	16.C	17.B	18.B
19.D	20.B				

TEST 2

1. $\dfrac{a}{b} = \dfrac{7}{3} \Rightarrow \dfrac{a}{a+b} = ?$

   A) $\dfrac{1}{3}$ B) $\dfrac{4}{3}$ C) $\dfrac{3}{4}$ D) $\dfrac{3}{10}$ E) $\dfrac{7}{10}$

2. $\dfrac{a}{b} = \dfrac{2}{5}, b^2 - a^2 = 84 \Rightarrow a.b = ?$

   A) 10   B) 15   C) 20   D) 40   E) 42

3. $\dfrac{2x-3}{5} = \dfrac{x}{3} \Rightarrow x = ?$

   A) 6   B) 7   C) 8   D) 9   E) 12

4. $\dfrac{a}{x} = \dfrac{b}{y} = \dfrac{c}{z} = \dfrac{4}{9} \Rightarrow \dfrac{x+y+z}{a+b+c} = ?$

   A) $\dfrac{8}{27}$ B) $\dfrac{2}{3}$ C) $\dfrac{9}{4}$ D) $\dfrac{14}{9}$ E) $\dfrac{4}{3}$

5. $\dfrac{x}{y} = k,$

   $x = 18 \Rightarrow y = 2,$

   $y = 6 \Rightarrow x = ?$

   A) 54   B) 162   C) 172   D) 180   E) 196

6. $3ab = 5ac = 6bc \Rightarrow a:b:c = ?$

A) 3:5:6   B) 4:6:7   C) 3:10:12

D) 6:5:3   E) 3:2:5

7. $\dfrac{a}{b} = \dfrac{c}{d} = \dfrac{2}{5} \Rightarrow \left(\dfrac{a+c}{c}\right) \cdot \left(\dfrac{c}{d+b}\right) = ?$

A) $\dfrac{5}{8}$ B) $\dfrac{2}{5}$ C) $\dfrac{16}{7}$ D) $\dfrac{3}{7}$ E) $\dfrac{7}{3}$

8. $\dfrac{a}{b} = \dfrac{c}{d} = \dfrac{d}{e} = \dfrac{4}{5} \Rightarrow \dfrac{b:c:d}{a:d:e} = ?$

A) $\dfrac{4}{5}$ B) $\dfrac{5}{6}$ C) $\dfrac{64}{25}$ D) $\dfrac{3}{7}$ E) $\dfrac{7}{3}$

9. $\dfrac{x+y}{y} = \dfrac{5}{2} \Rightarrow \dfrac{3x-y}{x+2y} = ?$

A) 1   B) 4   C) $\dfrac{3}{5}$ D) $\dfrac{5}{7}$ E) $\dfrac{11}{9}$

10. $\dfrac{a}{b} = \dfrac{3}{5}, \dfrac{b}{c} = \dfrac{5}{6} \Rightarrow \dfrac{c}{a} = ?$

A) $\dfrac{1}{2}$ B) 2   C) $\dfrac{15}{4}$ D) 5   E) $\dfrac{5}{2}$

11. $6:b:c = a:4:2, 2b - 3c = 12 \Rightarrow a = ?$

A)1   B)2   C)4   D)5   E)6

12. $a:b:c:d = 3:4:5:6 \Rightarrow \dfrac{3a-b}{c+2d} = ?$

A)$\dfrac{11}{7}$ B)$\dfrac{13}{9}$ C)$\dfrac{5}{17}$ D)$\dfrac{14}{5}$ E)$\dfrac{17}{3}$

13. $x,y,z \in N^+, \dfrac{x}{y} = \dfrac{4y}{5z} = \dfrac{3}{5} \Rightarrow (x+y+z)_{min} = ?$

A)34   B)42   C)48   D)51   E)52

$a,b,c \in Z^+, \dfrac{a}{6} = \dfrac{b}{5}, \dfrac{b}{c} = \dfrac{4}{3} \Rightarrow ? < ? < ?$

A)$a<b<c$ B)$b<c<a$ C)$b<a<c$

D)$a<c<b$ E)$c<b<a$

15. $\dfrac{a}{b} = \dfrac{3x+y}{y-3x} \Rightarrow \dfrac{a+b}{a-b} = ?$

A)1   B)$\dfrac{x}{y}$ C)$\dfrac{y}{3x}$ D)$\dfrac{x+y}{x-y}$ E)2

16. $\dfrac{2}{3a-c} = \dfrac{5}{3b-a} = \dfrac{7}{3c-b} = \dfrac{7}{9} \Rightarrow a+b+c = ?$

A)6   B)7   C)8   D)9   E)10

17. $\dfrac{a}{c} = \dfrac{c}{d}$, $a.d.b - b^2.c + 2.a - 6 = 0 \Rightarrow a = ?$

A) 2   B) 3   C) 4   D) 8   E) 12

18. $\dfrac{a}{4} = \dfrac{6}{b} = \dfrac{7}{c}$, $a + 2b - c = 9 \Rightarrow b = ?$

A) 6   B) 8   C) 12   D) 15   E) 18

19. $\dfrac{x}{a} = \dfrac{y}{b} = \dfrac{z}{c}, \dfrac{x}{2} = \dfrac{y}{3} = \dfrac{z}{5} \Rightarrow \dfrac{a+c}{b+c} = ?$

A) $\dfrac{3}{8}$ B) $\dfrac{4}{3}$ C) $\dfrac{5}{7}$ D) $\dfrac{7}{8}$ E) $\dfrac{8}{9}$

20. $\left. \begin{array}{l} \dfrac{x}{a} = \dfrac{y}{b} = \dfrac{z}{c} = \dfrac{4}{3} \\ x - y + 2z = 12 \\ a - b = 2 \end{array} \right\} \Rightarrow c = ?$

A) 3   B) 4   C) 5   D) 6   E) 7

21. $\dfrac{x}{a} = \dfrac{y}{b} = \dfrac{z}{c} = \dfrac{15}{11}$, $3a - c = 7$

$3x + y - z = 10 \Rightarrow b = ?$

A) 6   B) 7   C) 11   D) 14   E) 15

22. $x:y:18 = 3:4:6 \Rightarrow x^2 - y^2 = ?$

A) – 63   B) – 42   C) – 4   D) 8   E) 21

23. $3:a:b = a:12:20 \Rightarrow b = ?$

A) 10   B) 12   C) 15   D) 30   E) 40

24. $a = \dfrac{k}{b^3}$, $a = 24 \Rightarrow b = \dfrac{1}{2}$, $b = 2 \Rightarrow a = ?$

A) 8   B) 4   C) $\dfrac{3}{8}$ D) $\dfrac{5}{12}$ E) $\dfrac{1}{24}$

25. $\dfrac{a}{b} = \dfrac{c}{10} = \dfrac{d}{14}$, $a = \dfrac{c+d}{2} \Rightarrow b = ?$

A) 12   B) 10   C) 8   D) 7   E) 6

Answers							
1.E	2.D	3.D	4.C	5.A	6.D		
7.B	8.A	9.A	10.B	11.A	12.C		
13.E	14.E	15.C	16.D	17.B	18.A		
19.D	20.E	21.E	22.A	23.A	24.C		
25.A							

TEST 3

1. $\dfrac{x+y}{y} = 4 \Rightarrow \dfrac{x}{x+y} = ?$

   A) $\dfrac{3}{4}$ B) $\dfrac{4}{3}$ C) $\dfrac{4}{5}$ D) $\dfrac{5}{4}$ E) 3

2. $a \in N$, $4:5 = a^2:20 \Rightarrow a = ?$

   A) 1   B) 2   C) 3   D) 4   E) 5

3. $\dfrac{x}{7} = \dfrac{y}{4}$, $x - y = 12 \Rightarrow x + y = ?$

   A) 24   B) 34   C) 44   D) 54   E) 64

4. $\dfrac{a}{b} = \dfrac{2}{5}, \dfrac{b}{c} = \dfrac{5}{8}, a + c = 40 \Rightarrow b = ?$

   A) 8   B) 16   C) 20   D) 24   E) 32

5. $\dfrac{x}{y} = \dfrac{2}{5}, \dfrac{y}{z} = \dfrac{4}{5} \Rightarrow x = \%?.z$

   A) 80   B) 75   C) 60   D) 45   E) 32

6. $\dfrac{a}{b} = \dfrac{b}{c} = \dfrac{c}{d}, ac - bd = 18, b + c = 9 \Rightarrow$

$b - c = ?$

A) 1 B) 2 C) 3 D) –2 E) –1

7. $a, b, c \in R^+$

$$\frac{a}{0.3} = \frac{b}{0.7} = \frac{c}{0.11} \Rightarrow ? < ? < ?$$

A) $a < b < c$ B) $c < a < b$ C) $a < c < b$ D) $b < a < c$
D) $b < c < a$

8. $\dfrac{2a+5}{b+1} = k$, $a = 5 \Rightarrow b = 4$, $a = 2 \Rightarrow b = ?$

A) 4 B) 3 C) 2 D) 1 E) $\dfrac{1}{2}$

9. $\hat{A} + \hat{B} + \hat{C} = 180°, \dfrac{\hat{A}}{3} = \dfrac{\hat{B}}{7} = \dfrac{\hat{C}}{10} \Rightarrow \hat{C} = ?$

A) 90° B) 27° C) 63° D) 60° E) 30°

10. $10:8:x = 5:y:3 \Rightarrow (x+y)^2 = ?$

A) 10 B) 20 C) 63 D) 80 E) 100

11. $\dfrac{x}{3} = \dfrac{y}{4} = \dfrac{z}{5} \Rightarrow \dfrac{2x+3y}{4y-2z} = ?$

A) 5 B) 4 C) 3 D) 2 E) 1

12. $a^2 + \dfrac{1}{b^2} = 49$, $b^2 + \dfrac{1}{a^2} = 25 \Rightarrow \dfrac{a-b}{a+b} = ?$

A) 1   B) $\dfrac{1}{3}$ C) $\dfrac{1}{4}$ D) $\dfrac{1}{5}$ E) $\dfrac{1}{6}$

13. $\dfrac{a}{3} = \dfrac{b}{5} = k \Rightarrow \sqrt{3a} + \sqrt{5b} = ?$

A) $8k$ B) $3k$ C) $5k$ D) $8\sqrt{k}$ E) $3\sqrt{k}$

14. $\dfrac{a+2b}{5} = a - b \Rightarrow \dfrac{a}{b} = ?$

A) 1   B) 2   C) 3   D) 4   E) 5

15. $ax = by = cz = 20$, $\dfrac{1}{a} + \dfrac{1}{b} + \dfrac{1}{c} = \dfrac{3}{4} \Rightarrow x + y + z = ?$

A) 15   B) 10   C) 15   D) 20   E) 25

16. $\dfrac{a}{b} = \dfrac{c}{d} = \dfrac{e}{f} = \dfrac{2}{3}$, $2a + c + e = 20$

$d + f = 8, \Rightarrow b = ?$

A) 13   B) 12   C) 11   D) 10   E) 9

17. $a + b + c = 35$, $ax = by = cz = 7 \Rightarrow$

$\dfrac{1}{x} + \dfrac{1}{y} + \dfrac{1}{z} = ?$

A)15　　　B)10　　　C)5　　　D)2　　　E)1

18. $\dfrac{a}{2}=\dfrac{b}{4}=\dfrac{c}{3}$, $3a-2b+c=3 \Rightarrow c=?$

A)18　　　B)15　　　C)12　　　D)9　　　E)6

19. $\dfrac{3x-5}{2}=\dfrac{2x+5}{3} \Rightarrow x=?$

A)1　　　B)2　　　C)3　　　D)4　　　E)5

20. $a:b:c=3:4:5 \Rightarrow \left(\dfrac{a+b}{b}\right)\cdot\left(\dfrac{b+c}{c}\right)=?$

A)3　　　B)$\dfrac{63}{20}$　　　C)15　　　D)$\dfrac{9}{5}$　　　E)$\dfrac{16}{5}$

21. $\dfrac{a}{b}=\dfrac{3}{5}$, $a+b=128 \Rightarrow b-a=?$

A)24　　　B)32　　　C)40　　　D)43　　　E)80

22. $\dfrac{a}{b}=\dfrac{c}{a} \Rightarrow \dfrac{a^2-b^2}{b-c}=?$

A)a　　　B)b　　　C)$a+b$　　　D)$a-b$　　　E)$-b$

23. $a,b,c \in z^+$

$$\frac{2}{3a} = \frac{3}{4b} = \frac{5}{6c} \Rightarrow (a+b+c)_{min} = ?$$

A) 17   B) 27   C) 37   D) 47   E) 57

24. $x,y < 0, x^2 - 2xy - 35y^2 = 0 \Rightarrow \dfrac{x}{y} = ?$

A) 5   B) 7   C) 10   D) 12   E) 15

25. $\dfrac{x}{y} = \dfrac{2}{3}, \dfrac{y}{z} = \dfrac{3}{5}, x+y+z = 400 \Rightarrow y = ?$

A) 110   B) 120   C) 130   D) 140   E) 150

26. $\dfrac{x}{y} = \dfrac{3}{4}, 2x - y = 8 \Rightarrow \sqrt{xy} = ?$

A) $\dfrac{\sqrt{12}}{5}$ B) $8\sqrt{3}$ C) $\dfrac{12\sqrt{3}}{5}$ D) $\dfrac{16\sqrt{3}}{5}$ E) $\dfrac{\sqrt{3}}{2}$

Answers					
1.A	2.D	3.C	4.C	5.E	6.B
7.B	8.C	9.A	10.E	11.C	12.E
13.D	14.C	15.C	16.C	17.C	18.D
19.E	20.B	21.B	22.E	23.B	24.B
25.B	26.B				

TEST 4

1. $\dfrac{x}{y} = \dfrac{y}{6} = \dfrac{z}{3}$, $x - 3y + 5z = 8 \Rightarrow z = ?$

A)4　　　B)6　　　C)8　　　D)10　　　E)12

2. $\dfrac{a}{b} = \dfrac{2}{4}, \dfrac{b}{c} = \dfrac{8}{10}$, $2a + b - 2c - 16 = 0 \Rightarrow b = ?$

A) – 6　　　B) – 12　　　C) – 24　　　D) – 32　　　E) – 48

3. $\dfrac{x}{y} = \dfrac{2}{3} \Rightarrow \dfrac{2x+y}{x+y} = ?$

A)$\dfrac{12}{5}$　　　B)$\dfrac{7}{5}$　　　C)$\dfrac{25}{18}$　　　D)$\dfrac{9}{7}$　　　E)5

4. $\dfrac{x.z}{y.t} = \dfrac{3}{4}, \dfrac{x-y}{y} = \dfrac{2}{3} \Rightarrow \dfrac{t}{z} = ?$

A)$\dfrac{10}{11}$　　　B)$\dfrac{20}{9}$　　　C)$\dfrac{25}{18}$　　　D)$\dfrac{2}{3}$　　　E)$\dfrac{3}{5}$

5. $\dfrac{x}{y} = \dfrac{2}{3}, \dfrac{y}{z} = \dfrac{3}{4}, \dfrac{z}{t} = \dfrac{4}{3} \Rightarrow \dfrac{t-x}{z-y} = ?$

A)3　　　B)2　　　C)1　　　D) – 1　　　E)0

6. $\dfrac{a+b}{2b} = 3 \Rightarrow \dfrac{2a-b}{13b} = ?$

A)$\frac{12}{13}$ B)$\frac{11}{13}$ C)$\frac{10}{13}$ D)$\frac{9}{13}$ E)$\frac{8}{13}$

7. $\frac{a-3}{4} = \frac{b+4}{6} = \frac{c+6}{8}, 4a + 6b - 3c = 20 \Rightarrow a = ?$

A)2 B)3 C)4 D)5 E)6

8. $\frac{1}{x} = \frac{1}{2y} = \frac{1}{3z}, z - y + z = 25 \Rightarrow y = ?$

A)30 B)20 C)15 D)12 E)10

9. $\frac{x}{y} = \frac{z}{t} = \frac{3}{2} \Rightarrow \left(\frac{x+y}{x}\right)\left(\frac{z+t}{t}\right) = ?$

A)$\frac{3}{2}$ B)$\frac{25}{6}$ C)$\frac{5}{2}$ D)$\frac{25}{16}$ E)$\frac{16}{3}$

10. $\frac{x-2}{2} = \frac{y+1}{3} = \frac{z-1}{4}, x + y + z = 38 \Rightarrow z = ?$

A)11 B)13 C)15 D)17 E)19

11. $\frac{3}{y} = \frac{4}{z} = \frac{8}{x} \Rightarrow \frac{2xz + xy}{11z^2} = ?$

A)$\frac{1}{2}$ B)$\frac{2}{3}$ C)$\frac{3}{4}$ D)$\frac{4}{5}$ E)$\frac{5}{6}$

12. $\dfrac{x+1}{2} = \dfrac{y-2}{3} = \dfrac{z+3}{4} \Rightarrow 3x - 2y + z = 12 \Rightarrow x = ?$

A) 6   B) 8   C) 10   D) 12   E) 16

13. $x:y:z = 11:9:7 \Rightarrow \dfrac{x-y-z}{x+y} = ?$

A) $-\dfrac{1}{2}$ B) $-\dfrac{1}{3}$ C) $-\dfrac{1}{4}$ D) $-\dfrac{1}{5}$ E) $-\dfrac{1}{6}$

14. $\dfrac{1}{4x} = \dfrac{1}{3y} = \dfrac{1}{2z}, x + y - z = \dfrac{5}{12} \Rightarrow x - y = ?$

A) $-\dfrac{5}{12}$ B) $-\dfrac{1}{3}$ C) $-\dfrac{1}{4}$ D) $\dfrac{2}{5}$ E) $\dfrac{3}{5}$

15. $\dfrac{x}{y} = \dfrac{z}{t} = \dfrac{m}{n} = a \Rightarrow \dfrac{xz - 2zm + 3xm}{yt - 2tn + 3yn} = ?$

A) $2a$ B) $3a^2$ C) a^3 D) a^2 E) a

16. $\dfrac{a+b}{2} = \dfrac{2a+3b}{3} = \dfrac{b-c}{5}, \ c + b = 14 \Rightarrow a + b = ?$

A) -4 B) -10 C) 8   D) 12   E) 24

17. $\dfrac{a}{xy} = \dfrac{b}{xz} = \dfrac{c}{yz}, a + b + c = \dfrac{2}{x} + \dfrac{2}{y} + \dfrac{2}{z} \Rightarrow a.z = ?$

A) 2   B) 3   C) 4   D) 5   E) 6

18. $3a = 2b = 5c \Rightarrow \dfrac{2a+3b}{5b-5c} = ?$

A) 6 B) 13 C) 15 D) $\dfrac{13}{5}$ E) $\dfrac{13}{3}$

19. $2x = 3y = 4z$, $\dfrac{1}{x} - \dfrac{1}{y} - \dfrac{1}{z} = 1 \Rightarrow x = ?$

A) $-\dfrac{2}{3}$ B) $-\dfrac{3}{4}$ C) $-\dfrac{5}{2}$ D) $-\dfrac{6}{7}$ E) $-\dfrac{4}{7}$

20. $\dfrac{1}{x} + \dfrac{1}{y} + \dfrac{1}{z} = \dfrac{3}{7}$, $xm = yn = zk = 21 \Rightarrow$

    $m + n + k = ?$

A) 3 B) 6 C) 9 D) 12 E) 15

21. $\dfrac{x-y+z}{4} = \dfrac{x-y}{3} = \dfrac{x-z}{8} \Rightarrow x:y:z = ?$

A) 4:3:8 B) 9:6:1 C) 8:7:1 D) 6:2:3 E) 7:8:2

22. $\dfrac{x}{m} = \dfrac{y}{n} = \dfrac{z}{t} = \dfrac{1}{2}$, $x + 3y - z = 15, m - t = 3 \Rightarrow n = ?$

A) 7 B) 8 C) 9 D) 10 E) 12

23. $\dfrac{a}{2} = \dfrac{b}{3} = \dfrac{c}{5}, 2a + 3b - c = 32 \Rightarrow b = ?$

A) 2 B) 3 C) 6 D) 10 E) 12

24. $\dfrac{x^2}{36} = \dfrac{y}{2} = \dfrac{xy}{12} = \dfrac{(x-y)^2}{a} \Rightarrow a = ?$

A) 5　　　　B) 8　　　　C) 12　　　　D) 16　　　　E) 20

Answers					
1.E	2.D	3.B	4.B	5.C	6.D
7.D	8.C	9.B	10.D	11.A	12.C
13.C	14.A	15.D	16.A	17.A	18.D
19.C	20.C	21.B	22.C	23.E	24.D

www.ingramcontent.com/pod-product-compliance
Lightning Source LLC
Chambersburg PA
CBHW050319220526
45465CB00005B/2044